## 陈越光（Chen Yueguang）

中国文化书院副院长，香港明远文化教育基金会主席，敦和基金会执行理事长兼秘书长，北京师范大学跨文化研究院理事长，浙江大学马一浮书院副理事长，教育部人文社会科学重点研究基地北京师范大学民俗典籍文字研究中心特约研究员。

曾为20世纪80年代有广泛影响的“走向未来”丛书和杂志副主编；曾先后担任《中国妇女》杂志编委兼总编室主任，《中国残疾人》杂志、《中国农民》杂志、《中国市场经济报》、《科技中国》杂志创刊主编（总编辑）；并从1991年起参与希望工程，出任中国青少年发展基金会副理事长和若干社会组织理事，被媒体评为“2017中国十大社会推动者”“2018年度责任先锋”。

近期代表作有《一个有思想的行动者》《八十年代的中国文化书院》等，引起较大反响。

远近丛书

主编：乐黛云 [法]金丝燕 执行主编：董晓萍

# 谦卑

陈越光（Chen Yueguang）著

中国大百科全书出版社

图字：01－2019－1426

图书在版编目（CIP）数据

谦卑／陈越光，（法）米歇尔·冉刻（Michel Zink）著；金丝燕译．—北京：中国大百科全书出版社，2019.4
［远近丛书／主编：乐黛云，（法）金丝燕；执行主编：董晓萍］

ISBN 978－7－5202－0478－1

Ⅰ．①谦… Ⅱ．①陈…②米…③金… Ⅲ．①谦虚谨慎—研究 Ⅳ．① B825

中国版本图书馆 CIP 数据核字（2019）第 054808 号

**策 划 人** 郭银星
**责任编辑** 郭银星
**封面设计** 程 然
**版式设计** 博越创想
**责任印制** 邹景峰
**出版发行** 中国大百科全书出版社
**地　　址** 北京市阜成门北大街 17 号　　**邮政编码** 100037
**电　　话** 010－88390093
**网　　址** http://www.ecph.com.cn
**印　　刷** 北京汇瑞嘉合文化发展有限公司
**开　　本** 710 毫米 ×1000 毫米　1/32
**印　　张** 3
**字　　数** 40 千字
**印　　次** 2019 年 4 月第 1 版　2019 年 4 月第 1 次印刷
**书　　号** ISBN 978－7－5202－0478－1
**定　　价** 30.00 元

戊戌岁末，我和老朋友法国阿尔多瓦大学的金丝燕教授、北京师范大学跨文化研究院院长董晓萍教授去看望乐黛云老师，乐老师和丝燕联合主编一套已历时8年的“远近丛书”，丝燕突然提出《谦卑》这个选题，要我写稿。“远近丛书”的每本书都分别由中法两位作者撰写，以中文法文互译出版，旨在突出不同文化经验背景的人对同一议题的不同理解和体验，以展现人类文化的多样与丰富。丝燕的“临时指派”是与晓萍共谋的，乐老师和我一样事先不知情，却也希望我能写此稿。于是，在此后一个多月里，我每隔几天就会坐在电脑前，留下下面的一段段文字。

说到谦卑，我脑海中总会出现一幅图像：一位耄耋老人在寒风中执意要目送小朋友走了才进屋。这位老人就是季羡林先生（1911 ～ 2009），著名东方学家、印度学家、梵语语言学家、教育家，除担任北京大学副校长兼中国社会科学院 / 北京大学南亚研究所所长之外，还先后兼任着国务院学位委员会委员、中国外国文学学会会长、中国南亚学会名誉会长、中国语言学会会长、中国民族古文字研究会名誉会长、中国外语教学研究会会长、中国敦煌吐鲁番学会会长、中国文化书院院务委员会主席等众多社会职务，是 20 世纪末中国学界公认的泰斗。20 世纪 90 年代，关于季先生有一个广为传诵的故事：

一位扛着行李来北大报到的新生，注册时手忙脚乱，就随手把行李托付给旁边一位穿旧式中山装的工友模样的老头，让他帮忙看一下，办完注册手续从老工友手里接过行李，说声“谢谢”就此别过。没想到几天后的开学典礼上，这位新生突然发现坐在台上的副校长、著名学者季羡林先生竟然就是帮他看行李的那个老人！这在一般人听来匪夷所思的事情，其实在季先生很正常。记得是 1996 年冬的一个星期天，中国文化书院开院务委员会会议，妻子出差了，我只好带上正上小学四年级的儿子参会。我们在里间开会，他在外面玩。中途季先生出去上厕所，好一会儿还没回来，我就出来看看，一出门就见着他老人家正和我儿子聊得很欢。“季先生，快进去吧，等您呢！”我赶忙把季先生迎了进去。又转身出来，问儿子：“你知道他是谁吗？这季爷爷可是大学问家！”不料儿子回我：“得了吧，他还不如我呢！”我一惊：“你这傻孩子说什么呀！”儿子说：“这老爷爷连厕所在哪儿也不知道，是我告诉他的。回来又问我学习来着，我说了，他自己说他学习没有我好，不如我。”听儿子一说，我当然明白老人家逗孩子玩呢。开完会，我们送季先生回家。车到了他家楼前，在季先生家门口儿子和季爷爷照了张相。我要送季先生进屋，可季先生不让，却要站在楼门口送我们先走。季先生有个规矩，除了常来常往的老熟人，凡有客来访，他总是亲自送出房门，再送出楼门。无论尊卑，一视同仁，都是这个礼遇。这我是知道的。可今天，大冬天的，一个十岁的孩子，怎么能让季先生在门外礼送呢！我劝季先生：“您先进去吧，一个小孩嘛，您就别送了。”季先生不肯，反复只是说：“都一样的。”然后就执意站着。这大冬天，不能老僵持着，我们只好先上车离去。车缓缓而去，从反光镜中看到季先生在寒风中悄然而立目送我们。我当时就感慨：季先生在这样一件事上都有凛然不可犯的原则啊！

这原则是什么呢？就是为人的谦卑吗？

谦卑，在中国文化中始终是一种被赞美的品行，它所代表的精神源远流长，且数千年不坠。使用“谦卑”一词来形容品行，我们可以追溯到公元前三四世纪的战国时著名哲学家、稷下道家学派尹文子的著作中，《尹文子》曾经讲过这样的故事：“齐有黄公者，好谦卑。有二女，皆国色，以其美也，常谦辞毁之，以为丑恶，丑恶之名远布，年过而一国无人聘者。”当然最后人们还是知道了黄公的女儿很美。作者并不是要评价“谦卑”，而是以此例子说明名实相失的情况，无意中成了早期使用此词的个例，其美而自谦丑，是为谦卑。所以，任何一本中文词典都会告诉你，谦卑的基本意思就是谦虚。但在我们的体会中似乎它比谦虚还要进一层，是一种以卑微表现的谦虚。中文以字组词，如果把“谦”和“卑”分字检索，在《说文解字》这部中国最早（许慎始作于公元 100 ～ 121）的字典里：谦，敬也；卑，贱也，执事也。前者是态度恭敬，侧重于内心的恭顺谨慎；后者是地位低贱，被迫劳作。而在一本当今中学生通用的《现代汉语词典》（商务印书馆，第 6 版，2012 年，北京）里，“谦”字义为谦虚，所列举出的“谦卑”等 12 个多字条目全是褒义词。而“卑”字义为（位置）低，（地位）低下，（品质）低劣，谦恭；列举出的 15 个多字条目中 11 个是贬义词 4 个是中性词。这就说明，这两个字组成“谦卑”一词，是以“谦”字立意，以“卑”字表达形态，“卑”非其本态，乃因“谦”而显现，是不卑而卑。

## 谦卑与忍辱

谦卑不是弱者的自白，谦卑是强者的修养。《中庸》有言：“君子之道，辟如行远，必自迩；辟如登高，必自卑。”在自迩而远、自卑而高的过程中，是需要忍耐的，要忍受误解、轻视甚至挑衅和屈辱，因为这一切本来也是卑微者生活中的常态。中国精神赞颂忍辱负重的人生，认为唯有能忍辱者才能负重，民间更有“吃尽苦中苦，方为人上人”的世俗功利主义修身箴言。

一个中国人家喻户晓的忍辱故事发生在公元前三世纪。韩信（公元前 231 ～前 196），西汉开国功臣，与张良、萧何同为汉初三杰，中国历史上著名的军事统帅。韩信后来被封王封侯，但他出身贫贱，青少年时受过不少磨难屈辱，最有名的就是受胯下之辱：“淮阴屠中少年有侮信者，曰：‘若虽长大，好带刀剑，中情怯耳。’众辱之曰：‘信能死，刺我；不能死，出我胯下。’于是信孰视之，俛出胯下，蒲伏。一市人皆笑信，以为怯。”（《史记卷九十二·淮阴侯列传》）

韩信忍胯下之辱的故事，经中国第一部纪传体通史的作者司马迁在他的不朽之作《史记》（作于公元前104～前91）中的讲述，成为中国人代代相传的刻骨铭心的经验。千百年来，中国无数有志者在困境中都以这个故事的忍辱精神来激励自己，谋长远之事不图一时之快，为了追求理想，即使以最卑辱的方式也要坚持下来。

司马迁本人也是一个忍辱者。他在韩信去世后51年出生，家道显赫，是西汉史学家、散文家，被尊为历史之父。一部记述长达3000多年历史的《史记》开中国纪传体通史的先河，被20世纪新文学革命的主将鲁迅称颂为“史家之绝唱，无韵之离骚”，足显其在中国史学史、文学史上的崇高地位。公元前99年，司马迁因替名将李陵败降之事辩解，被定为诬罔罪名，按律当斩，可以腐刑赎身。当时，引颈就戮慕义而死易，承受大耻腐刑免死难，此乃“臧获婢妾犹能引决”（司马迁《报任安书》）。但此时46岁的司马迁已受父遗命编纂《史记》，虽然“悲莫大于伤心，行莫丑于辱先，诟莫大于宫刑”（司马迁《报任安书》），他毅然选择了以腐刑赎身死，“所以隐忍苟活，幽于粪土之中而不辞者，恨私心有所不尽，鄙陋没世，而文采不表于后世也。”（司马迁《报任安书》）究天人之际、通古今之变、成一家之言的《史记》未成，他司马迁不能死！生命在他与使命一体。

一种历史精神在支撑着司马迁：“盖文王拘而演《周易》；仲尼厄而作《春秋》；屈原放逐，乃赋《离骚》；左丘失明，厥有《国语》；孙子膑脚，《兵法》修列；不韦迁蜀，世传《吕览》；韩非囚秦，《说难》《孤愤》；《诗》三百篇，大底圣贤发愤之所为作也。”（司马迁《报任安书》）

两千多年来，这段震古烁今的文字为无数志士仁人在困境中所吟诵，它所揭示的历史精神，让我们可以体会到谦卑和屈辱的关系。谦卑是强者的修为，而强者、尊贵者恰恰是在卑贱中发愤而为，在柔弱处吸取力量的，谦卑就是对此保持敬意。

谦卑于个体人生是一种修养，于群己关

系、事业追求是一种责任，越有追求、越有成就、越有权力，越要谦卑。当责任内化为谦卑，或谦卑挺立为责任，就可以忍辱负重。韩信忍胯下之辱，此时的韩信无权无钱无官无势，受漂母之施，忍胯下之辱，因大志已立，大志就是责任。谋大事而惜身，图小利而亡命，争意气而送死，岂英雄所为？因此，忍受屈辱在特定的情境下成为谦卑的特别的形式。然“初心易得，慎终难守”，后来韩信被人告发谋反，为吕后设计斩杀并夷三族，司马迁为之叹曰：“假令韩信学道谦让，不伐己功，不矜其能，则庶几哉，于汉家勋可以比周、召、太公之徒，后世血食矣。”（《史记卷九十二·淮阴侯列传》）韩信在屈辱中立志，功成而未能善终，终因尊贵后缺了一个谦卑的回望。

屈辱是人生的沼泽地，它是你的出发处，

或是你的落难地，或是你先辈曾经遭遇过，没有人可能完全拒绝它。它阴暗深沉、刻骨铭心，但大抱负总是在这臻暗时刻凝聚。谦卑，就是铭记这种凝聚，就是你由用充满耻辱的恨去探索，转化为用深沉的爱去创造！

## 谦卑与责任

谦卑在中国文化乃至中国人的生活中有着极为重要的地位，为什么呢？这和中国独特的社会结构有关系。著名思想家梁漱溟先生（1893～1988）曾经指出，中国既非个人本位也非社会本位的社会，而是一个伦理本位的社会。这就“形成了几千年来吾人所公认的伦理，一言以括之，即彼此互以对方为重是已”。“那即是伦理本位在互相关系两方中，把重点总放在自己的对方，而不是固定在任何一方。”（《梁漱溟全集（第四卷）·中国——理性治国》）因此，伦理本位的中国社会就特别重视彼此间的关系，讲究互相对于对方的责任，崇尚谦卑有利于各种关系的和谐。

周公旦是三千年前的人物，儒家内圣外王的典范，他是周文王之子，周武王之弟，周成王之叔。成王幼时周公辅国摄政，《尚书》称：“周公摄政：一年救乱，二年克殷，三年践奄，四年建侯卫行书，五年营成周，六年制礼作乐，七年致政成王。”所以，汉朝思想家贾谊评论：“文王有大德而功未就，武王有大功而治未成，周公集大德大功大治于一身。孔子之前，黄帝之后，于中国有大关系者，周公一人而已。”而正是周公，在中国传统中最早最系统地践行了谦卑精神。周公要代成王摄政，让儿子伯禽就封地鲁为君，他告诫伯禽："我文王之子，武王之弟，成王之叔父，我于天下也不贱矣。然我一沐三捉发，一饭三吐哺，起以待士，犹恐失天下之贤人。子之鲁，慎无以国骄人。"（司马迁《史记卷三十三·鲁周公世家》）这样一位一人之下万人之上的执政者，吃饭时有人来访，怕怠慢来者，连把嘴里的食物嚼咽下去都来不及，要赶紧吐出来；洗发时有人来访，怕怠慢来者，只能握着湿淋淋的头发见客，以致"周公吐哺，天下归心"成为千古美谈。显然，周公的任劳谦卑不是外在压力前的忍辱负重模式，他基于一种内在的责任感。内在责任的神圣化解了权力的戾气，既时时提醒水可载舟亦可覆舟，更时时告诫权力凝固在职位上而非凝固在天道上，行使权力的人却应该是天道和谐的追求者、践行者。

　　比周公约晚一千年的西汉哲学家董仲舒

（公元前 179 ～前 104），提倡“罢黜百家，独尊儒术”的主张被汉武帝采纳，使儒家思想治国成为中国两千年的大传统。董仲舒对为政者操守的看法与周公一脉相承，主张“治国者务尽卑谦以致贤”（董仲舒《春秋繁露·通国身》）。随着儒家思想在国家政治中正统地位的确立和传承，这种个体德性修为参合着统治者的政治智慧，越来越被表述为从政者履职的责任自觉，著名的例子来自一句中国成语“唾面自干”。

比董仲舒晚八百年的唐朝宰相、名将娄师德（630 ～ 699），戍边屯田功绩卓著，两度拜相，曾迎战吐蕃入侵八战八捷。他待人宽容宽厚，推荐了狄仁杰为相，毫不知情的狄仁杰拜相后却多次排挤他，他也不计较，直到武则天把当初娄师德举荐狄仁杰的奏折拿出来，狄仁杰大为惭愧。下僚们在他面前的一些越礼行为和无心之过，他总是包容。一次，他弟弟被委任为代州刺史后来辞行，娄师德告诫弟弟，我是朝廷的宰相，你也做了高官，我们这一家的身份就很显赫了，必然招来一些人的嫉恨。他问弟弟该怎么办？弟弟回答，如果有人朝我吐口水，我也决不计较对抗，自己把那口水擦了就是。可是，娄师德并不以为然，他说，人家朝你吐口水是有气要出有怒要发，你把口水擦了说明你不满，别人就更愤怒。你应该欣然受之，让唾沫不擦自干。这就是中国文化中“唾面自干”成语的来历。

这是一个谦卑得近乎极端的例子，它并不是人际关系相处的正常方式，它的可贵在于权高位重者从责任自觉出发的自我警惕与约束。这种姿态只有对下才是谦卑，用来对上就成了媚上奉承的“溜须拍马”了。“溜须”

的典故出自宋朝（960～1279），参政丁谓和宰相寇准一起工作用餐时，汤污寇准的胡须，丁谓起身为之揩拂，寇准曰："参政，国之大臣，乃为长官拂须耶？""拍马"的说法起自元朝（1206～1368），蒙古人马上得天下，元朝的官员多为武将出身，下级见到上司，最好的奉承往往是一边拍着上司的马背一边赞美这匹马。

那么，这种谦卑的容忍，是如何学习、修炼而成的呢？

比娄师德晚七百多年的夏原吉（1367～1430），是明朝经历太祖、惠帝、成祖、仁宗、宣宗五朝的元老，明初重臣。夏原吉原在惠帝帐下，据说在叔侄帝位之争中明成祖胜出后，就有主张杀夏原吉的，而面对死亡的夏原吉却说让他把工作做完再处死也不迟。这很有点像面对举刀冲来的罗马士兵，正在地上画几何图形的阿基米德大喊一声“不要动我的圆！”阿基米德对几何学的舍生忘死并没有阻止罗马士兵手起刀落，杀人如麻的明成祖朱棣却不仅刀下留人，以后还不断委以重任。从夏原吉对死亡的态度，以及他后来也因直谏而被皇上怒斥甚至抄家、下狱，可见他并不是八面玲珑四处讨好之人。他位高权重，历五朝而不败，因其既勇于担责承过，又宽和对人善待异己，《明史》称为：“原吉有雅量，人莫能测其际。”终于有人问：“雅量能学吗？”夏原吉答：“吾幼时，有犯未尝不怒。始忍于色，中忍于心，久则无可忍矣。”（《明史·夏原吉传》）第一步制怒于表面，无论心中如何怒火中燃，决不显于声色，以免造成伤害和冲突；第二步于心不起忿，充分理解对方的难处或疏误，不猜疑别人的居心，以善待引导善处；到了第三步则一切自然，发现并没有什么要你强忍的事了。夏原吉的雅量“扩容”三步法，重要的并不在方法，更不涉其中如何甄别是非，而在位高权重者如何宽容待下，如何目中有人，为他的雅量托底的正是谦卑精神，站在谦卑精神对立面的则是无数颐指气使、动辄训人、以怒呈威的“官腔官样”。

谦卑是中国文化历来推崇的一种修为品德，谦卑也是中国人相信的人生护身符，积德也就积福。中国王朝史上最后一个朝代清朝的中兴之臣曾国藩（1811 ～ 1872），比夏原吉晚四百多年，既位极人臣，又是理学大家，在政治、军事、外交、思想诸方面都对中国近代史产生重要影响。曾国藩容让同朝为官的左宗棠，无论左宗棠如何骂，他总是相逢一笑，并赞誉左宗棠为国争光，最终，曾国藩的大度使左宗棠也放下了隔阂，传为美谈。

曾国藩如此待人不仅有相忍为国的思想，而且有他的人生信念。曾国藩曾在日记中写下观人四福相，提出人的两大贵相和两大富相："端庄厚重是贵相，谦卑含容是贵相。事有归着是富相，心存济物是富相。"为人谦卑，包含宽容，自然和睦四方，善待别人的人得道多助四方纳吉，自亦成贵。

从周公旦到曾国藩，都是位高权重之人，他们的个人修为关系到王朝社稷和百姓民生，他们对自己的一切约束和群己关系的维护，都不是从个人好恶或清誉出发，而是出于坚定的责任意识。当然，从周公旦到曾国藩虽然历时三千年，他们的责任意识都是在儒家忠君爱国的基本伦理框架中的。那么，剥离君权至上君恩臣忠的观念，我们可以提炼出怎样的责任观呢？一个当代中国人如果不以西方的权利本位思路，而以责任本位、责任优先的观念来理解，又可以有怎样的视角呢？

责任伦理的五个维度——

一、权利外赋，责任内生：权利使人强大是外赋的，责任使人坚强是内生的。责任出自内心：发乎心，出乎情，行乎义，立乎敬。

二、责任源自个人的选择和认知，体现在为人处事的关系中。

三、责任先导于权利，责任贯穿于权利；权利与责任共存，权利就是责任。

四、责任中认知和选择先导，未经本人认识和选择的责任，只是处罚和追究的理由。

五、权利可以转让，责任和尊严一样，不可转让。授权过程中新的责任产生，而不是原有的责任转移。

当责任如此强有力地矗立，会否出现因

责任主动性而侵犯他人的权利呢？如何理解这里的合理边界呢？避免责任本位中的外溢现象，外部的边界在法度，心中的边界在谦卑。唯一适合在责任身旁的位置站立的只能是谦卑，有谦卑相伴的责任才可能时时警醒自己，努力做到“毋意、毋必、毋固、毋我”（《论语·子罕第九》）。

人的内心本来是一条泥路，同情的泪水可以沁入心头。当了官，就如托尔斯泰说的在良心之路上铺上了沥青。铺上沥青的路面自然可以承载更大的负荷，但泪水也可能再不能渗入了。唯有谦卑可以使两者兼具。谦卑是责任对自己的审视，也是责任不断深发的动力。在权利面前要讲责任，以责任界定权利；在责任面前要讲谦卑，以谦卑充实责任。

# 谦卑与真诚

历史在尘埃中穿行。

历史的吊诡之处在于一种品行一旦被社会主流肯定，就会有刻意的伪装以求社会回报。这就像越是伟岸的建筑其在太阳下的影子也拉得越长。我们来读和李白、杜甫并称为唐朝三大诗人的白居易的一首诗。在贬官途中的白居易写作此诗，以周公、王莽正反两个例子来说明事物的真假、人物的真伪唯有待时间验证，否则，就会以谣言淹没周公，把他当成篡权者；就会被王莽的假象所迷惑，把他当成谦恭君子。

白居易《放言五首·其三》：

赠君一法决狐疑，不用占龟与祝蓍。

试玉要烧三日满，辨才须待七年期。

周公恐惧流言日，王莽谦恭未篡时。
向使当初身便死，一生真伪复谁知？

周公的故事前面讲过，他也曾面临说他篡权的流言而恐惧。王莽（前 45 ～ 23），西汉权臣、孝元皇后之侄，王莽曾勤勉简朴，谦卑俭让，但大权在握后，王莽代汉建新，篡位立新朝（公元 8 ～ 23），然 15 年而亡。

白居易诗的最后两句提出一个疑问：如果周公和王莽在还没有呈现真相时便已身死，那么他们的一生真伪又有谁知道呢？历史如何评价他们呢？其实，对周公来说不存在这个问题，为他澄清的正是他早年不为人知地为武王而向天祈祷之文，是他内心的真诚感动了成王。对王莽来说，真正的验证也首先来自他自己。虽然对王莽的历史评价，20 世纪后半期的史学界是有不同的声音了，但白居易一句“王莽谦恭未篡时”，以此为天下伪谦者画出了标准像。我们要讨论的不是王莽的真伪与功过，而是谦卑中的真诚。

真诚使谦卑具有如下品格：

谦卑不受外界如何评价、社会是否推崇的影响。它是本心本色的自然流露，如恻隐之心情不自禁，对弱者的平和尊重犹如对自己兄弟姐妹关切的自然延伸。越是周围风气盛行权强金贵，它越如孤松傲雪。“大道废，有仁义；智慧出，有大伪；六亲不和，有孝慈；国家混乱，有忠臣。”（《老子·第十八章》）这段名言，一个新颖而更积极的解读是：在一个大道流行的自然状态中，仁义本就蕴含在大道里，正如孝慈蕴含在六亲和睦、忠臣蕴含在国家安泰的情境中，在理想状态失衡时，这些德性才显得特别珍贵（陈鼓应《道家的人文精神》）。如此，外部环境对谦卑的影响只是区别于它是凸显于荒山的孤木，还是隐藏于茂林的一树而已。

谦卑不是一种矜持，不是一种可以拒人于千里之外的形式礼仪，也不是一种看破红尘的心灰意冷。佛家定慧双修，心定不是心死，定能通慧，因其起于正念。冷漠不是谦卑。谦卑者的真诚，自有真情，它谦谦默默的外表下，是热情澎湃的忧国忧民，是乐而忘忧地理解他人，是对他人苦难的不可遏制的同情心，恰如温厚的地表下是有超过太阳表面温度的6000℃高温的地心。

谦卑不是一味迁就应承，而是内有风骨。前面提到的季羡林先生，无论一国总理到访，还是一个平头百姓甚或一个孩子来家，他一定送客至楼外，这是季先生待客的规矩。这规矩当然有一个“谦”字在，而这“谦”字的背后却是凛然不可变的一视同仁。写到这里，我不由想起第一次见季羡林先生时他问我的一个问题和他的解答。那是 1991 年 8 月 28 日，因为我要出任中国文化书院的副院长，汤一介先生带我去季先生家拜访。我当天的日记有这样一段记录：

> 下午三点到汤一介家，汤先生带我到季羡林先生家拜访。在季先生的书房谈，他认为中国教育历来有私学的传统，文化书院将来必须大有发展。问我："从梁漱溟到后来的，你看出书院有什么传统吗？"告知"骨气"。汤一介说："就是季先生八十寿上，庞朴说的康德那句话，有价值和尊严，价值是可以转让的，尊严却是不可转让的。"

谦谦君子如季先生如汤先生，把"骨气"视为尊严，人有骨气才有尊严，一旦总是想转让就没有尊严可言了。孔子提出"为己之学"

与“为人之学”的命题，荀子认为“为己之学”是君子之学，“为人之学”是小人之学，因为前者学问入于耳、藏于心、行之以身，可以实现自己的完美；而后者入于耳、出于口，只是一种贩卖交易。程子、朱熹、阳明都继承这一传统，重“为己”之德性，程子所谓“今之学者为人，其终至于丧己”，丧失德性的自我。这里的“己”与“人”的界线，是在内与外、德性与物欲之间划界。《孟子·告子上》：“仁义礼智，非由外铄我也，我固有也，弗思耳矣。”故曰：“求则得之，舍则失之。”所以，谦卑源于内心，行必真诚，以德润身，成之于己。

# 谦卑与《周易》

谦卑在中国思想中究竟有怎样的位置？为什么数千年不绝地被尊崇？

20 世纪的大儒者马一浮先生（1883 ～ 1967）梳理中国学术思想的原典精神，有著名的“六艺论”，提出《诗》《书》《乐》《易》《礼》《春秋》“吾国二千余年来普遍承认一切学术之原皆出于此，其余都是六艺之支流。故六艺可以该摄诸学，诸学不能该摄六艺。”（《马一浮集》第一册）六艺亦谓六经，《易》为群经之首。谦卑的思想之源即在《易经》，真正读懂谦卑与中国思想的关系，必须回到《易经》。

司马迁所谓“文王拘而演《周易》”，就是指周文王（前 1213 ～前 1117）被囚羑里城时根据《连山》《归藏》古易推演出《周易》。《周易》可以用来卜筮，但更是一部立道之书，道是其体，卜是其用。所以，《系辞·上》说“易与天地准，故能弥纶天地之道。仰以观于天文，俯以察于地理，是故知幽明之故。原始反终，故知死生之说。精气为物，游魂为变，是故知鬼神之情状。与天地相似，故不违。”

《周易》强调的是变易，六十四卦总是好中有坏，凶中有吉，唯一六爻皆吉的一卦就是第十五卦“谦卦”。谦卦，卦体艮下坤上。上卦为坤，坤即地；下卦为艮，艮即山。常识上的地上有山，在这里却是高山在地下。山在地下高而不显，地在山上厚而不高，成为谦卦的象征，传统上也称“地山谦”。谦卦六爻皆吉的爻辞分别是——

初六：谦谦君子，用涉大川，吉。

六二：鸣谦，贞吉。

九三：劳谦，君子有终，吉。

六四：无不利，㧑谦。

六五：不富以其邻，利用侵伐，无不利。

上六：鸣谦，利用行师，征邑国。

六条爻辞列出了从涉江越河到言语、劳动、交往、处邻、辅佐和战争各种情况，都因谦虚而吉利。所以卦辞为“谦，亨，君子有终”。谦卦表示的是亨通顺利，君子有好的终了。

为什么谦有如此“无不利”之功能？解释六十四卦卦名卦辞的《彖传》揭示谦卦的奥秘，因为“天道亏盈而益谦，地道变盈而流谦，鬼神害盈而福谦，人道恶盈而好谦”。这就说天、地、鬼神和人间的四种法则，都是减损、倾坏、祸害、厌恶盈满的一方，而增益、加注、护佑、喜欢谦卑的一方，所以，谦卑者从卑微之位转向尊荣之位，又保持着卑微之态使自己不可逾越，这就使君子得善终。

既然天地鬼神人世之道都是损满益谦，处卑则受益向尊，达盈则遭损转微，如何能应顺天道保持谦卑，从而有好的归宿呢？孔子参观周庙时看到欹器，他曾听说欹器装满水就倾覆，空了就斜，只有装一半水时保持垂直，就让子路取水来试，果然如此。孔子感慨道："恶有满而不覆者哉！"子路请教持满之道，孔子说持满了就抑制使之减损。子路又请教减损的方法，孔子曰："德行宽裕者，守之以恭；土地广大者，守之以俭；禄位尊盛者，守之以卑；人众兵强者，守之以畏；聪明睿智者，守之以愚；博闻强记者，守之以浅。夫是之谓抑而损之。"（汉韩婴《韩诗外传》）这里，恭谨、勤俭、卑弱、敬畏、愚笨、肤浅的自抑减损之法，都可以归为谦卑之道，一种大地般厚道、浅显，在最低处接纳、承载一切的精神。

回溯到《周易》来理解谦卑，我们就回到了中国文化的源头来理解谦卑。有《周易》谦卦而后有谦卑精神，谦卦立而谦卑数千年不绝也。

## 理解谦卑

思想基于过去，面向未来，但离开当下就不存在，一切思想只在当下存在或激活。今天，你在中国文化中守望，无论你处于哪种境遇，你都至少可以从这样五个方面理解谦卑，亲近谦卑，践行谦卑。

### 谦卑是对“道”的体悟

我 20 岁时读雨果的《悲惨世界》，米里哀主教留宿冉阿让，半夜不辞而别的冉阿让拿走屋里唯一值钱的东西——一套银制咖啡壶茶具，当巡夜的警察觉得一个流浪汉随身带一套银器不合情理，把他带回到米里哀主教家里对质时，主教却说是自己送给这位朋友的。看到这一节既感动，又困惑，如果冉阿让执迷不悟，那主教所为岂不是纵容了他？后来理解了，我的困惑是我只看到两个人的关系，而看不到还有一个更重要的超越主体的存在——上帝。这里最重要的关系并不是发生在两个人之间，而是发生在他们各自和上帝之间。米里哀主教所做的不是他要去教化冉阿让，而是他要在上帝面前不断实现自己的升华。上帝是西方文化的超越主体。余英时说，西方的超越世界（或称“彼世”），完全超于现实世界（或称“此世”）之外或之上。中国的两个世界是不即不离的。中国先秦思想家建立起的超越世界，以“道”字为象征。这个“道”的超越世界便可用来检讨、反思以至批判现实世界。西方的超越形态是“外向超越”（outward transcendence），中国的超越形态是“内向超越”（inward transcendence）。（《余英时访谈录》访谈 / 陈致，中华书局（香港）有限公司，2012 年）然而，对于这个超越世界“道”，是不是一种流行在宇宙间的精神实体？余英时说自己没有过“体道”经验，但“承认古人有此认定”。古人如何“体道”呢？《老子》提出“为学日益”“为道日损”。“为学”是对物的认识活动，“为道”是对道的体认活动。《论语》也说：“可与共学，未可与适道。”可见“为道”和“为学”不同。冯友兰先生解释说“为道所得的是一种精神境界，为学所得的是知识的积累”（冯友兰《中国哲学史新编》），所以一个（为学）是积累增益的过程，另一个（为道）是对自我偏见和贪欲的克服减少过程。

谦卑正是这样一个克服自我偏见和贪欲的“日损”过程，可以说木讷近仁，谦卑近道矣！

从佛教哲学来看，修行就是一个“体道”的过程，谦卑与修行的关系，在《普贤行愿品》有深刻揭示：诸佛如来以大悲心而为体，“因于众生，而起大悲；因于大悲，生菩提心；因菩提心，成等正觉”。所以，“一切众生而为树根，诸佛菩萨而为华果，以大悲水饶益众生，则能成就诸佛菩萨智慧华果。何以故？若诸菩萨以大悲水饶益众生，则能成就阿耨多罗三藐三菩提故。是故菩提属于众生。若无众生，一切菩萨终不能成无上正觉”。

## 谦卑是崇高向卑微的致敬

我们回到现实世界的人与人关系之中，总有能力和资源的强者与弱者，总有解困纾难者和被解困纾难者，总有地位和身份的崇高者和卑微者，这样的关系远非完美，既有合理性又有不合理性。这里最重要的合理性在于：我们生前并不知道自己会是哪一个角色，生后也不好确定目前的角色会有什么变化。谦卑就是当你处在前者时，你对后者保持敬意。至于理由，每一个具有谦卑精神的人，都会有自己的发现。医生和病人，医生是解困纾难的，病人是被解困纾难的，病人对医生的敬意和谢意，我们自然习以为常了。我的朋友凌锋大夫是神经外科专家，她的老师亚萨吉尔（Yasargil）教授是国际著名的神经外科大师，亚萨吉尔教授给她讲过这样一个故事——教授曾经给一个小男孩做了脑科手术，手术很成功，出院时孩子的妈妈特意让小男孩谢谢教授，教授俯下身来，准备接受这个理所当然的感谢。可是，小男孩没有感谢，他瞪着大眼睛说“为什么我要感谢他？他应该感谢我，是我允许他在我的脑袋上动刀子的！”孩子的妈妈尴尬地为孩子的不懂事而道歉，可是教授却赞赏孩子的说法。从此，教授总是要把这个故事讲给他的学生听，告诫他们，是病人用生命相托成就了医生的职业尊严和价值。卑微是崇高的起源，是崇高的成就者，你向此源此因致敬，就是保持谦卑。

即使你此刻地位卑微身处困境之中，眼睛向下，就会看见还有需要你帮助的人；心想崇高，就会依然地下有山，人穷志高，君子方可以穷则独善其身。这时候，你还是需要谦卑，这种自律和涵养，使你避免落魄者的狂躁和无所不为。

## 谦卑是自知之明

希腊德尔菲神庙在公元前8世纪的时候非常兴盛，它的主建筑是太阳神庙，那里有一段著名的铭文，上面刻着："人啊，认识你自己！"这就是我们中国文化中所谓"人要有自知之明"，出于老子的《道德经》"知人者智，自知者明"。根据对郭店竹简的推算，最早版本的《老子》约在公元前750年，正好同期。回望历史，差不多三千年前，东西方思想的高峰同时矗立，遥遥相对。虽然他们互不相知，但同样贯穿了三千年的时间，对各自历史产生巨大影响。自知之明不仅仅是对自己知识能力不足的正确判断，懂得知识之球越大其与未知界的接触面也越大；更主要的是对人的妄念的警惕。西方用一个造通天塔的故事，告诫人们上帝对人的狂妄的惩罚。中国文化中没有外在的超越主体，靠人自己的理性来克服自己的妄心，这就需要“夕惕若厉”。“夕惕若厉”也出自古老的《周易》，意思是日夜对自己警惕戒惧，就像遇险或涉水过河时一样。保持这种对自己的警惕，就是谦卑，也可以说，有自知之明的人是谦卑的，而谦卑使人具有自知之明，谦卑也就是自知之明。

### 谦卑是换位思考

在现代管理学和人际关系的解释中常常主张换位思考，试图把自己放到对方的环境、条件中去设想和处理事情，从而能更好地理解对方。谦卑之所以被人们所赞扬，谦卑待人处事的人之所以受人尊敬和欢迎，也是因为谦卑包含了换位思考的内涵。这种换位思考在中国文化里就是“恕道”。儒家的恕道是人类最早的换位思考，2500 年前，当子贡问孔子“有一言而可以终身行之者乎”，孔子告之“其恕乎”(《论语》)。如何行恕道?孔子说“己所不欲勿施于人”,对此,孔颖达解释说“恕,忖也,忖度其义于人。他人有一不善之事施之于己,己所不愿,亦勿施于人,人亦不愿故也”。换位思考是方法,谦卑是其价值,而这个价值观的内核就是“己所不欲勿施于人”的人类伦理底线。

**谦卑是在聆听中学习**

聆听中学习是一种终身学习,有两种人会失去这种能力。衰老会使人失去聆听能力,因为机体衰老使人听力下降,注意力难以集中,老人们是从“不会听”逐步走向“不会说”的。开始衰老的表现不是不爱说了,而是不爱听他人说话,只爱自己说往事了,这说明他正在失去吸取和整理外部信息的能力。然后,越是不吸取新信息越只能叙述陈年旧事,反过来越不会吸取信息，衰老进入加速状态。还有一种人不是机体衰老，而是自我膨胀堵塞了聆听的通道，以为只有自己的看法是正确的，这也会形成一种恶性循环，加速地走向自我封闭，他们更是一种可悲的未老先衰，一种精神的衰老。

然而，谦卑使我们具有这样一种朝气蓬勃——谦卑使我们尊重不同意见，尊重少数观点，善于沟通，敢于放弃，肯于等待；谦卑使我们可以以一种开放、参与、责任、效率与和谐相融的姿态，与不同观点、立场乃至不同文明开展对话，领会和反映这个纷繁的世界及其意义；谦卑使我们通过聆听来获取向他人学习的喜悦，通过坦诚评价来表达对对方的尊敬，通过改变自己的观点来影响他人，通过等待来赢得共同的提高。因为，谦卑使我们驻神于听，终身学习。

**谦卑精神就是大地精神**

希腊神话中的巨人安泰俄斯，他的不可战胜的力量来自他的母亲大地女神盖亚，只要他保持着和大地的接触，就有源源不断的力量从母亲那里输入，他就战无不胜。谦卑，就是让一个巨人紧贴在大地母亲的怀里，具有不可逾越不可战胜的力量。谦卑是一种大地精神，谦卑者就是脚踏实地的人，谦卑是踏实厚道之人力量的源泉。

谦卑是一种不拒绝，一种大地式的开放。心灵如地，世界的苦难、他人的不幸之泪如雨水般可以渐次渗入。美和高尚，可以像大海中出浴的新日一般感动并召唤这样的心灵。有恻隐，有感动，就有共情，共情能力不是学来的技巧，而是有谦卑就自然拥有，谦卑者的共情可以连接世界。

谦卑者学习大地而成为大地，举托起历

史的精神。在我这个简短的叙述中，从公元前一千多年的周公旦，公元年前夕的董仲舒、司马迁，到公元7世纪的娄师德、15世纪的夏原吉、19世纪的曾国藩，再到20世纪的季羡林，他们都已在大地之中。一切有谦卑精神的历史人物都会被历史厚葬，这是他们的善终，他们在历史中安息是他们最终的谦卑，也是因谦卑而得到的最后安宁。历史是什么？历史是可以被一代又一代后人在心中复活的往事，所以他们又因此而不朽！而那些傲慢残酷凌虐众生的弄权者，他们被悬挂在耻辱柱上不得入土的灵魂，因生前的强梁与暴行，要被无数代人鄙视的目光之剑批判，永无安宁。

历史在尘埃中穿行，人们在经验的世界中更多的记忆往往是被权力的傲慢伤害与欺凌。历史也在人心中穿行，谦卑被人崇仰，但与谦卑者的相遇却常是“众里寻他千百度。蓦然回首，那人却在，灯火阑珊处”（辛弃疾《青玉案·元夕》）。

2019 年 1 月 30 日北京成稿

2019 年 2 月 13 日三亚修改

## 米歇尔·冉刻（Michel Zink）

法国著名中世纪研究学者，文学家。1945 年 5 月出生，1964 年考入法国巴黎高等师范学院，1967 年在古典文学高级教师会考中获第一名。1970 年获巴黎大学博士学位，1975 年获国家文学博士学位。先后任教于图卢兹大学和巴黎索邦大学，1994 年当选为法兰西公学教授（法国中世纪文学教授席位）。2000 年当选为法兰西学院金石美文学院（Académie des Inscriptions et Belles-Lettres）院士，2011 年当选为法兰西学院金石美文学院终身秘书长。美国艺术与科学学院（American Academy of Arts and Sciences）外籍院士，瑞典皇家文学、历史、博古学院（Royal Swedish Academy of Letters, History and Antiquities）外籍院士，奥地利科学院（Académie autrichienne des sciences）、葡萄牙科学院（Académie des sciences de Lisbonne）与美国中世纪研究院（Medieval Academy of America）外籍通讯院士。获瑞士巴尔赞奖（Prix Balzan）、法兰西荣誉军团司令功勋勋章（Commandeur de la Légion d'Honneur）、法国学术棕榈叶最高功勋勋章（Commandeur dans l'ordre des Palmes académiques）。

远 近 丛 书

主编：乐黛云 ［法］金丝燕　执行主编：董晓萍

# 谦卑

［法］米歇尔·冉刻（Michel Zink）著

［法］金丝燕 译

中国大百科全书出版社

谦卑与羞辱，从语义上说，是两个很不相同的词汇，但在法文或拉丁语的其他派生语言中，它们却有同一个词源“humus”（大地），指谦卑与羞辱躬屈直至大地。在基督教的教义里，谦卑与羞辱两个词的含义也很接近，两者的组合深刻地影响了西方文明。

2010 年至 2012 年，我在法兰西公学讲授有关“谦卑与羞辱”的课程。法兰西公学是一个特殊的学术机构，这里不发任何文凭、不组织任何课程培训，听众自由进入，免费

听取他们感兴趣的任何课程，每位教授也可以自由地发表与个人研究相关的论题。我用了两年的时间，在法兰西公学讲授“谦卑”这个专题，当然这也出自我对它的关注。

我在法兰西公学的讲座名称是“法国中世纪文学”，时间范围是中世纪，课程的全称是“谦卑与羞辱：中世纪关于谦卑的论述”。当然也不局限于此，中世纪文学教人明白人类社会对于羞辱的特殊眼光。

羞辱，不可忍受；想到它，就让人烦心。但是，它不可忍受，又无处不在：从个体日常生活里所承受的微乎其微的羞辱，到它充任权力与酷刑的工具带给人们的强烈羞辱，到它成为打压民众的暗器对人的直接伤害。

羞辱是一种酷刑。从耻辱柱，到德雷福斯上尉被公开削职，它的作用始终如此。肉体之痛苦，像杀戮，如果再加上羞辱，就会

使其残酷性更为加剧，而同时又不能减轻任何羞辱。恐怖，在尚未到达令人窒息的地步时，只因为羞辱的微小，但无论羞辱怎样微乎其微，羞辱本身就是极致。纳粹的罪行，比起未解放时被剃头的妇女所受的羞辱，后者更不能让人接受。煤气室的毒杀，比起在此之前的种种逼迫，如让犹太人用自己的牙刷去刷地，或者让他们赤身裸体地暴露于人前，或者以其他手段去羞辱他们，此等各种羞辱之罪孽，绝不比煤气室的毒杀更轻微。同样的道理，要求被告人——即使他们笃定被判死刑——用双手提着大裤子出庭，与煤气室相比，也不能稍减其羞辱。反之，死亡的恐怖，恰恰来自死亡之前的百般羞辱。在意大利法西斯的暴行中，强迫反抗者喝下蓖麻油，就不是善举。在苏联时期，据被审人公开供认，他们在极“左”派的审讯中招供，

是迫于极度暴力的严刑逼供，也是因为招供的暴力隐而不见，其所造成的羞辱却是彻彻底底的。

在一切军事冲突中都存在强奸，强奸是羞辱之最，因为这种羞辱与性相连。它是一种曝光，是对于人类隐私的可耻侵犯。所有的羞辱都是某种形式的强奸。

无论有没有道理，以羞辱作武器，似乎都是过往时代的通病，那时的羞辱是惩罚罪恶的一部分。今天的情形会更糟糕吗？或者今天的羞辱意识已经淡漠？我不敢这么说，不能这么简单地下结论。其实每个时代对过往年代的残暴行为都是十分敏感的，又往往对当下的残暴视而不见，甚至还会有一种后世社会进步的幻觉。事实上，近年来，人们确实加强了对羞辱的谴责，但又未免矫枉过正。例如，几年前，“尊重”这个词，被奇

怪地用在毫无尊重可言的语境中，侵蚀了法语的严肃性。近三四年来，据我们从旁观察，使用“羞辱”一词及其同义词的做法泛滥，有时言过其实，有时出口轻率，这种现状让这个沉重的词语失去了分量。看看报纸上的题目吧，经常能读到这样的标题：某某政治人物、某某演员、某某歌唱家、某某电视栏目的主编，“蒙受了屈辱”，“挨了批”；或者他 / 她“侮辱”了别人，或者他 / 她“批”了别人。一支体育队伍，一位冠军，输了比赛，不是被看成兵家常事，而是被说成“受到了屈辱”。体育本是“游戏”的王国，某场体育竞技的输了本无耻辱可言，现在却动辄羞辱，动辄要求诉诸法律。也许人最初的动机不乏善意，出自对羞辱的愤怒，但对该词如此滥用成灾，满眼都是羞辱，人人处处都以为自己被羞辱，“羞辱”就失去了它的本意，人们

遮蔽了羞辱的可怕性。

现在需要追溯中世纪的羞辱的原意。为什么要寻找过往？为什么要讨论那个距今很远的年代？是因为逃避？因为羞辱过于苦痛而让人只能远远地遥视？还是已经知道的受辱者还不够多，非要跑去寻找从前的受辱者？为什么一定是中世纪？而那时的羞辱只能通过绘画、解释与叙述等过滤后的形式传达给我们。

追溯过往不是为了逃避，而是要保持距离。羞辱本身就有拉开距离的作用。施加羞辱的实质，在于施加一种羞辱的意识。羞辱所带来的精神伤害远远超过它展现出来的现象的夸张。羞辱的真实性，也存在于人的观念之中，存在于有关羞辱的叙事之中。它属于一种感知。在欧洲文明中，对于羞辱的感知起源于中世纪。它的概念很特殊，它的感

知充满了矛盾。

在欧洲的中世纪，封建骑士的文明盛行。这是一种荣誉文明，对于羞辱十分惧怕和憎恶。中世纪的宗教是基督教，这是一种谦卑的宗教，其支撑点是耶稣被钉在十字架上蒙难受辱的场面。中世纪的文明正是被这对矛盾所撕裂：一方面是推崇谦卑与贫穷的宗教；一方面是颂扬荣耀、威武与挥霍的社会。一个将真正的价值与它所蔑视而人间崇尚的错误价值观相对立的宗教，它因遭受羞辱而感到荣光；另一个是将认同公众性的、经过社会剪裁的荣辱加以炫耀的社会。这样一对矛盾实在是难以兼容的，于是在基督教的思想内核中，便抹去羞辱而推崇谦卑。羞辱被排斥，难以保持卑下的态度；谦卑成了道德的代名词。我们都知道一个奇怪的说法，即“为了谦卑，我不惧怕任何人”，这就是一个推崇

非我执的宗教，又推崇肯定自我的社会表达。教廷过于入世地依顺世间的规则，又过于执迷信仰而无以把控两种不同的价值体系。中世纪正是经历了这一矛盾的世纪，而它对于这对矛盾的态度，时而熟视无睹，时而佯装不知，时而遗忘脑后，时而又予以痛戳和提出思考，但整个中世纪又都没有解决这对矛盾。

中世纪把这对矛盾传给了我们。今天，社会中的封建性和骑士性已消失殆尽。在基督教里，已见不到对所有事物的控制与感知，但人们对于羞辱的分歧理解犹在。人们惧怕它，躲避它，因为它所涉及的名誉与耻辱的社会裁决在今天的社会仍有意义。人们也没有去讨伐谦卑，相反自动地站到它的一边。而这种所谓谦卑，我们则毫不犹豫地归结为犹太——基督教的传统，是不断地向上帝呼

喊、申诉其所受羞辱的圣诗者的谦卑，一种约伯的谦卑。基督教从一开始就关注先知以赛亚所预见的苦难的仆人耶稣："侮辱和唾沫没有让他背过脸去。"在我们今天看来，对于施行者而言，羞辱，是所有可能犯下的错误中的最严重的错误；对于受辱者而言，羞辱，是所有可能遭受的苦难中最深重的苦难。人是要接受苦难和死亡的，这是人的普遍命运，没有人能够幸免。可能有时人也不能避免他人之受苦，甚至不能避免他人的死亡，但对他人施以羞辱，这是决不能让人接受的。

不能羞辱他人，哪怕是不足挂齿的，因为它会比巨大的暴力还要令人战栗。每个人都可能遭受多少不等的羞辱，有的也许稍纵即逝，但记忆仍会因为羞愧而愤怒和发抖。极其微小的羞辱，在记忆中发抖又不能实说，是出自一个人的怯懦，或者一时兴起，或者

是在某种条件下的突发行为，但无论它怎样随时都可能发生，怎样令人猝不及防，都不能被原谅，我自己就有这种经历。

我要坦陈一件往事，这并非出于什么暴露癖或虐待狂，而是对我少年时代一种做法的回忆。那年我 10 岁，或者 11 岁，去村里度假，与一个铁匠的儿子玩耍。我俩是发小，他是我最要好的朋友，我不知道他今天是否还这么看。我也很喜欢他的父亲，这位父亲爱喝酒，不过也还算适度，没有到酗酒闹事的地步，可是不知为什么被别人议论纷纷，让他失去了工作，养家糊口也难。有一天，我和这位发小一起玩，无意中说了饮酒不好，可能还带点教训或严厉的口气，我真的记不得当时是怎么说的，只记得并没有针对任何人，还带有一些理解和同情。但是，我说那种话是可怕的，话一出口，我就很惭愧，后

来就忘了。今天我还能找到那位发小，可是我不敢见他，我担心他还记得那句话。我可能已经冒犯了他，我还可能有其他不当言行当时就让我自己变得可笑又可憎。

忏悔就此打住，而羞辱不论大小，都能给人造成精神上的伤害，让人心哀，它使简单地理解人们之间相互制造痛苦的这一说法变得不可忍受，而所有酿造羞辱的（指他者所强加的、无可逃避的）后果都大于痛苦本身，所以，在有些地方，让获刑者选择死亡或自杀，会被看作是减刑。

我记不得是在哪里读到这样一个故事，讲第一次世界大战时，一个逃兵被判处了死刑，押上了刑场。士兵瘫软了，被人拖着走。来了一位将军，与这支悲哀的小队碰上了，他停下来，叫士兵过去说话。将军的大致意思是说，军队不能军心涣散，对逃兵就

要处死。当兵上前线的目的，是誓死保卫国家。每天士兵们冲出战壕，都是为了保卫国家随时准备牺牲。你今天在战地上死去，也是为法兰西而死。我不知道这个故事是真是假，很可能是编造出来的，但我被它感动至今。有人会说我犯傻，但我始终忘不了它。它要求被惩罚者勇敢地、有尊严地面对死亡，让我很震惊。这位将军的话，现代人可能听不下去，还可能会生气，他们也许认为将军应该这么说："亲爱的，我赦免您，祝贺您！"然而，如果这个故事是真的，那么在一战之中，从当时的价值观看，这位将军就是在帮助这个临阵逃脱的士兵去除耻辱，他已经尽其所能帮助了士兵。

相反，德雷福斯被削职，这与死亡和病痛无关，却没有人能够冷静地忍受它所带来的羞辱。

羞辱（上帝知道它！）的唯一的真实性，就是符号的真实。羞辱是在符号世界中所经历的或所蒙受的痛苦。羞辱是一种痛苦的符号，人只有在精神上遭受羞辱才能放大身体遭受的伤害。

羞辱的符号也使社会真实变得十分痛苦，这就是为什么它能进入人类学的研究范畴。羞辱是一个有暴力色彩的符号，难怪人们会三番四复地讲："说，就是做。"从羞辱的角度讲，这句话是对的。羞辱的符号使人们蒙受身心双重痛苦，一般都是这样。

西蒙妮·魏尔在其短暂生命的最后的日子里，1940 年至 1942 年，在《笔记》的开头，写了下面这样一段话：

> 有些事物本身决然不是痛苦之因，但作为"符号"使人痛苦。什么符号呢？作为事物本身

的状态，状态本身过于抽象不能延续不幸，它极少（或从不曾）使人痛苦。但符号使人痛苦，尽管它们本身并不疼痛。

同样，失败（Feuillets d'automne，Gide）见到一位着军服的德国士兵。

雷诺公司的身份证。

如果这样的符号每天频繁出现，那就有不幸。

另有些事物本身是痛苦的根源。

比如身体的痛苦。“羞辱”（它也是一种身体的痛苦）。

还有些事物既是其本身而又作为符号（“羞辱”）。这是最为痛苦的。

这几行字，几处谈到羞辱，但都没有详说，只是用一般观察意义上的例子做解释：“羞辱（它也是一种身体的痛苦）”，文中这样提到它。西蒙妮·魏尔认为，羞辱是使人痛

苦的符号，重复使用这些符号所造成的不幸，就是羞辱。关于失败与被占领带来的羞辱，她提到了“雷诺公司的身份证”，这暗示了她的“工人身份”（她在其他信件里也谈到这个经历）。在她写这段话的时候，反犹太人法尚未公开，她还没有直接受到威胁（她提到的纪德，所受到的威胁更少）。她走在大街上，德国士兵也不会对她做什么。她通过提到“雷诺身份证”所暗示的强加给工人们的记号、号码和通行证等，也有同样的性质。当时这些做法还没有被当作是羞辱，强加者们也会否认这是羞辱，而会宣称是出于某种善意，然而，对西蒙妮·魏尔来说呢，她的感受是如此的强烈！在别的通信中，她也谈到了这种感受。但是，人们也不难想象，对一个小业主来说，这些做法却是有诱惑力的，他会将之变为可怕的权力与强施羞辱的手段，并

且毫无风险；即便他只是动了这个心思，也绝无担忧可言。

绕了几个圈子，现在再回到主线上来。对我们而言，羞辱是绝对的邪恶、彻底的邪恶。当代社会与人们的感知的改变，其实让它的问题变得更为明显，也让我们反对羞辱的信念更加坚定。20世纪的历史，从政治军事独裁到非殖民化，都已将谦卑与羞辱的关系变成重大被关注问题。在20世纪的文学作品中，“羞辱”与“谦卑”（特指受辱之谦卑）两个词的出现次数是最多的，如库尔齐奥·马拉帕尔特（Curzio Malaparte，1898 ～ 1957）的《毁灭》①。不过要指出，羞辱根植于中世纪，在中世纪的思想与感知中发端，触发了中世

① ［意大利］库尔齐奥·马拉帕尔特（Curzio Malaparte），意大利记者、剧作家、小说家，其著作《毁灭》（*Kaputt*）于1944年出版。

纪的灵感，带动了中世纪的思考。从中世纪以后，羞辱一直在制造紧张与矛盾，所以在今天的精神世界与物质社会中，它的位置也很清晰。

所有社会的人们都是惧怕羞辱的，因为它与社会肌体不相容。羞辱是一个社会的最高惩罚，而它之所以被赋予如此的重要性，是因为社会的把控完全靠它了。个体可以使另外的个体遭遇死亡或痛苦，个体也可以使自身面临死亡或痛苦，但羞辱却是一种社会操作，是要通过社会运行或价值观施加于人的符号。社会需要使用羞辱制造恐怖，承认其价值的代价。在中世纪便如此。羞辱本来是无可关注的，但自从基督教引入羞辱的矛盾性，就使得这种矛盾在过往和当代都有特定的意义。

与羞辱的让人不寒而栗相反，人们又

认为，谦卑与羞辱致使人屈伏在大地是一种道德。不过，这种观念不符合古代伦理，苏格拉底就提出，最好忍受不公正，不要冒犯它。这种选择没有给羞辱增值。从伦理道德的意义上讲，希腊语的 tapeinos 与古拉丁语的 humilis 是纯贬义词，现代思想家常常因反对基督教而拒绝有关谦卑的道德说教，这是一种反差。莎士比亚认为它虚伪，尼采认为它软弱；席勒虽然不反对基督教，但他以某种我承认我也常用的方式，将谦卑定义为“一种在虚荣和羞愧之间的赛跑，而羞辱胜出”[1]。在现代思想家看来，谦卑是可疑的，遭受谴责的，它或为软弱，或为虚伪，或为不可能

---

① B. Schwenk, 《Bescheidenheit 》 et W. Schütz, 《Demut 》, in *Historisches Wörterbuch der Philosophie. Schopenhauer, Parerga 2, § 343 ; Nietsche, Werke éd. K. Schlechta 3,890 ; M. Scheler, Vom Umsturz der Werte 1, 1919, 22. Scheler, Über Scham und Schamgefühl*, 1933.

性，或为三者皆有，总之它缺乏真实性。而在古代社会中，自愿的谦卑也是不可思议的。

古代社会中的谦卑并不是道德，只是在基督教的世界里，谦卑才是道德。这一类的讨论，很容易与“羞愧文化”（Shame-Culture）和“有罪文化”（Guilt-Culture）的传统对立发生关联。其中，“羞愧文化”符合主观性与社会对犯错的观念，通过社会的谴责和惩罚来定错；“有罪文化”将错误与个人意识和犯罪感相连。

羞愧文化随处可见，有罪文化则有明显的基督教性质，两者是天然对立的。人们可以怀疑这种对立是由西方人类学家发明的，不过也促使西方文化去理解其他文化，这就是鲁思·本尼迪克特（Ruth Benedict, 1887～1948）在书中明确表达的观点[①]，接着

① 鲁思·本尼迪克特（Ruth Benedict, 1887-1948），美国人类学家。

我将简要讨论。

羞愧文化有古代文明的属性，这是60年前道兹（Eric Robertson Dodds，1893～1979）在《希腊人与非理性》中提出的[1]。此书的成功，在于它首次从人类学的角度，以研究异文明和无文字的民族文化的方法，讨论古希腊文明，引来了不少研究者的效仿。在此之前，研究希腊罗马文明的一般做法，是按照对其文明的延续性和数百年来习以为常的理解，面向“传统”的古代，寻求美学与知性价值的永恒典范，幻想古代世界与现今世界的相似性，这样我们就可以一脚踏进古代世界，不用离开我们自己就能理解它。道兹去除了这种幻象，他指出，在《荷马史诗》中，情绪、感动、激情和感性都是客观的，是外化

---

① Eric Robertson Dodds, *The Greeks and the Irrational*, University of California Press, 1951（Sather Classical Lectures 25）.

于人类群体与社会机制的，人类被它的激情所驱动[①]。英雄受到了神性的激发，或者向善，或者变坏，或者被引领，或者四顾迷茫。人们感知的欲念[②]，成为独立于自我的力量。道兹强调，人处于感性与行动之中，不能被知识与意识所掌握，是陌生的、不属于自己的，外力强加的。当有些行动就其行动者而言是造成羞耻的根源的时候[③]，尤其如此。道兹还引用了一位美国学者分析日本文化的名著，即鲁思·本尼迪克特的《菊与刀》[④]。《菊与刀》聚焦“羞辱文化”与“有罪文化”的对立关系进行阐述，反响很大。此书于1947年出版，

---

① 拉丁语和法语的“激情”passion 一词——人所蒙受的。

② *atè*，神灵发出的罪恶的疯狂。

③ E. R. Dodds, *op.cit.*, p. 17.

④ Ruth Benedict, *The Chrysanthemum and the Sword. Patterns of Japanese Culture*, *Londres-Cambridge*, *Mass.*, *1947*. 法译本：*Lise Mécréant* 翻译，*Le chrysanthème et le sabre*, Picquier Poche, 1991.

作者的明确意图是在1945年日本投降后，让美国能够读懂日本，避免在日本问题上走弯路。此外，与人类学的整体方法一样，此书的分析，还使人了解日本人的思维方式与西方的精神世界的差异，西方人一直以为很了解日本，其实差得很远，而一旦被此书解密，日本的形象变得如此明晰。日本的精神世界让我们既陌生又可理解的地方，主要是羞辱在其社会中占有举足轻重的地位。在日本，羞辱有可怕的力量，对人性具有极大的摧毁性，乃至承受者会有将自己变成另外一个人的感觉，他从此不再是原来的自己，还有选择完全不同的方向的自由。此书在另一章《净名》中，描述不惜一切代价避免这种摧毁的努力，作者分析：“义理—正己之名”的含义：

“保持名节无污之责”[1]，是一种社会责任，它使得个体塑造的形象与社会投射给个体的目光相连，这样羞辱就变成社会审判，绝非自我的“内心审视”：人处于羞愧的层面，而非犯罪的层面。作者分析的“义理—正己之名”观，从本质上说，与西方中世纪骑士宫廷社会观相仿，中世纪骑士宫廷社会观通过恪守法典，通过克己自重和众人对自己形象的尊重，将荣誉与羞辱联系在一起。在社会的游戏规则中，重要的是荣誉和羞辱相遇的风险。[2]道兹在自己的著作专设一章，题为《从羞辱文化走向有罪文化》，可见其所受鲁思·本尼迪克特的影响。他还指出，这种情

---

① Ruth Benedict, *The Chrysanthemum and the Sword*, *op. cit.*, p. 119.

② Damien Boquet et Piroska Nagy （éds.）, *Politique des émotions au Moyen Âge*, SISMEL, Edizioni del Galluzzo, Florence, 2010 （Micrologus Library 34）, p. 49-74。

况“只在希腊时代的晚期出现，但也不太确定”[①]。

在中世纪，公开羞辱的做法十分强势。毋庸赘述，在中世纪文学和习俗中，可以看到很多这样的例子。

在文学方面，克里蒂安·德·特鲁瓦（Chrétien de Troyes）小说《马车骑士兰斯洛特》（*Le Chevalier de la charrette*）就描写了这样的故事。英雄兰斯洛特（Lancelot）被毁坏名誉，在所有人看来，这就是羞辱。他爱上了亚瑟王之妻桂妮薇儿王后，同意登上那辆羞辱他的马车。桂妮薇儿呢？还有特里斯坦小说里的伊索尔德，是被羞辱的，她承认犯奸，被送上了火堆。

当时的真实情况是，获刑者要被迫“脱

---

① 鲁思·本尼迪克特 Ruth Benedict、E. R. Dodds, *The Greeks and the Irrational*, op. cit., p. 37.

去内衣”，遭到肉刑之辱。还有其他当众羞辱的惩罚手段，如在身体上烙下象征性的烙印，给作伪证者堵上嘴，在号角声中押解获刑者游城示众。在一些城市，当场被捉奸者要被扒光衣服，私阴处被绳索穿住，全天裸体游街，这是图卢兹（Toulouse）和阿然（Agen）城一带的风俗，用以杀一儆百，当时的手稿就描绘了这种场景①。

西方中世纪在这点上，恐怕与其他文明相差无几。羞辱性的惩罚，包括惩罚卑贱者的烙印；公开示众的惯行，如在嘲骂声里游街，或被绑上耻辱柱，肢解或戴上铁面具，

---

① 参见 Barbara Morel, *Une iconographie de la répression judiciaire. Le châtiment dans l'enluminure en France du XIIIe au XVe siècle*. Préface de Léon Pressouyre, Paris, Éditions du Comité des travaux historiques et scientifique, 2007, fig. 68 （Coutumes de Toulouse, femme mise au pilori）, fig. 60 （Coutumes d'Agen, châtiment du faux témoin）, fig. 68 et 69 （Coutumes de Toulouse et Coutume d'Agen, châtiment des adultère -P111-112）。

直至执行死刑。还有巴斯卡尔·巴士底狱（Pascal Bastien）所罗列的刑罚，皆为费尽心机的羞辱之举（用斧头斩头是羞辱性的，以剑斩头则不是。在法国，绞刑是羞辱性的；在英国则是羞辱受刑人之尸），中世纪文献可以提供的这类例子五花八门。

在羞辱中，鞭笞示众，被认为有甚于皮肉之苦。其他各种死刑前后的羞辱，如亵辱受极刑者之尸，拖其尸，受刑人死前被拖拽，被活活肢解或死后分尸。还有宫刑，也包括在被定罪者的酷刑之中，与痛苦相连。1326年，被英国国王爱德华二世宠幸的休斯·斯宾塞（Hugues Spencer）的受刑，被描写如下：

> 他被捆在梯子的顶端，让高个和矮个的所有人都能看到他。刽子手剖开他的腹部，取出

> 他的心和内脏，将它们扔进火里焚烧……当休斯阁下被宣判时，刽子手割去他的头颅，运往伦敦城。他的尸体被分成四块，送往英国最好的四座城市。①

《见闻录》的作者让·傅华萨（Jean Froissart）认为，这是显赫的斯宾塞家族标志性人物的下场，其后代母系的一支准备登上英国的王位。

克劳德·戈瓦尔（Claude Gauvard）的奠基性著作提供了有关羞辱与痛苦的丰富资料。芭芭拉·莫磊（Barbara Morel）的《司法惩治画集：13 世纪到 15 世纪法国书籍装

① 让·傅华萨（Jean Froissart,1333? ～ 1405?）Jean Froissart, Livre I, Lettres gothiques I, p. 102. Notre traduction.

饰画里的惩罚》[①]，提供了令人发指的图册。巴斯卡尔·博思田的《死刑史：刽子手与酷刑，1500～1800》[②]，揭示了英法两国在司法方面，在实施羞辱的感受与场景上的差异。他还以让人惊讶的，其实也无可惊讶的方式，清楚地指出宗教的赎罪功能，他认为，在这种极端的场合中，宗教不仅用于死刑，还用于各种羞辱性的折磨，例如，让死者在弥留之际做忏悔，悔恨人生的过错。巴斯卡尔·博思田写道，“走向断头台可以是走向拯救”，他后来又对这句话做了调整，即“获刑者可以得到豁免，但不能有圣餐”[③]，他还写了英国其

---

① Barbara Morel, *Une iconographie de la répression judiciaire. Le châtiment dans l'enluminure en France du XIIIe au XVe siècle.* Préface de Léon Pressouyre, Paris, Éditions du Comité des travaux historiques et scientifique, 2007.

② Paris, Le Seuil, 2011.

③ is, Le Seuil, 2011，P161.

他的观念和施刑手段的不同等。让－玛丽·墨兰（Jean-Marie Moeglin）在谈到闻名至今的法国加莱起义（发生在百年战争初期，投降者被迫提着裤子、脖子上套着绳索，把城市的钥匙交给围城的英国国王爱德华三世）时，曾指出，以如此衣冠不整的形象，面见握有生杀之权者，投降者未必有被杀的危险，但这个场面结构了羞辱与求恕的仪式[①]。

封建社会与整个中世纪都属于“羞辱文化”，这是毋庸置疑的。中世纪又完全是宗教支配的时代，宗教宣扬谦卑与羞辱的楷模，成为一种将荣耀与羞辱的价值颠倒的宗教。它在对错误、悔恨与苦修的思考中，走向谦卑与羞辱的含义的内化，尤其在 11 世纪中叶到 13 上半叶，它把羞辱当作积极的体验，迫

---

① *Les Bourgeois de Calais. Essai sur un mythe historique*, Paris, Albin Michel, 2002.

使人人都要有原罪感。

谦卑是正统基督教的道德，是《圣经》的道德，而不是希腊拉丁世界的道德，也不是日耳曼世界的道德。《旧约》以肯定的方式，构想人对上帝的单向谦卑，而上帝用大地（humus）造就自己，并不在乎羞辱。圣诗的作者相反，不断地乞求上帝把他解脱出来，给他复仇的机会，让他去报复那些曾经羞辱过、嘲笑过他的耀武扬威之敌。基督教将上帝之谦卑降世，成为世间万物的基础。上帝也化身为人，他的肉身是用大地做成的。上帝只在降世化人时向人们显灵。这位谦卑的上帝，关爱卑微者胜过高大上者，他警告说："凡自高者必降为卑，凡自卑者必升为高"（《路加福音》14, 11）。上帝也要求谦卑者接受羞辱，即有人打你的右脸，你就给他左脸，任由他打（《马太福音》5, 39–40），他说"人

若因我辱骂你们、逼迫你们、捏造各种坏话诽谤你们，你们就有福了”（《马太福音》5，11）。在基督教的教义里，这是真福的最高峰。基督教在先知以赛亚的“苦难仆人”那里看到耶稣的预见：

> 人打我的背，我任他打；人拔我腮颊的胡须，我由他拔；人辱我，吐我，我并不掩面。[1]

《福音书》里描述耶稣的受难，不曾放过任何羞辱的细节：耶稣回答神殿大祭司问话时，遭到了卫士的耳光；耶稣从神殿大祭司的家里，被拖到罗马行政官前受审，再被拖到罗马行政官本丢比拉多的法庭前，再被带到希律王那里，再回到彼拉多大祭司前，一

---

① 《以赛亚书》（Is. 50, 6）。

直被示众。他背上十字架，迈上各各他山，兵士们戏弄他、鞭打他，给他套上深红色的袍子，带上玫瑰荆棘之冠，讽刺他是废王；希律王也嘲弄他。看着耶稣迈上十字架的人们，发出辱骂的喊叫声，盗贼们与一同钉十字架的人也都咒骂他。但是，在后来耶稣复活的场面描写中，就再也没有这样长篇的、详细的叙事了。

关于耶稣上十字架被羞辱的文字早已存在。最早在《马太福音》和《马可福音》里，就有耶稣被钉死在十字架上的叙述，不过从文学性上说，这些文字还谈不上精妙，都是转引。在《圣经·诗篇》（21）中，已有伟大的羞辱颂，但叙述的顺序是倒过来的，耶稣受辱的细节被放在后面；耶稣在十字架上最后的呼喊，被置于篇首："我的上帝，你为什么离弃我？"在《旧约》中，预言指耶稣为以

赛亚，以此印证耶稣受难。到《福音书》写耶稣的受难，就是把羞辱的细节放在受辱者的章节中去写，而非放在上帝之荣耀的段落里去写[①]。

中世纪时已有对耶稣遭受羞辱的思考。从礼拜的制定到西方基督教艺术的展现，都能看到。例如，其指令和命词“耶稣赤身我亦赤身”，指贫穷赤身之外的十字架受难之赤身。这种由谦卑而至羞辱的探求，是 13 世纪初阿西西圣弗朗西斯科的精神核心，其首先要做的一件事是自己当众脱衣。

与此同时，耶稣复活的光荣又抹去了十字架之辱，使十字架陡然增辉。基督教的战无不胜由此显现，并取得了卓越的成就。君

① Gilles Dorival et al., *David, Jésus et la reine Esther: recherches sur le psaume 21*（*22 TM*）, Paris-Louvain-Sterling（VA）, Peeters, 2002.

士坦丁皈依后，就必然是基督教的皇帝，在“拉伯兰旗”（labarum）上加入古希腊的两个字母“Chi”与“Rhô”（Christos 一词前面的字母）。公元 312 年，君士坦丁在米尔威亚桥之战的前夕，便幻听到“以此十字你将获胜”，从此他的旗帜与此相随。不久后，奥古斯丁写道：

> 受辱之时，他被升上十字架；而他的受辱只是升华。①
>
> 上帝以肉身的屈降，引发对谦卑的赞叹，但并没有使其无上的威力受到质疑；同样，十字架之羞辱，增添了它的荣耀。光荣的十字架之悖论，变得明晰，不再难以置信。十字架上的耶稣画作，被命名为“胜利的耶稣”：受难的耶稣头戴王冠，并非罗马士兵侮辱他时扣在

① In *Psalmum CXXXII Ennaratio. Sermo ad plebem*, PL 37（reference édition IEA）。

他头上的荆棘之冠。公元六世纪，主教诗人魏南思·佛图那（Venance Fortunat）这样写下一首颂歌的开篇：

国王的旗帜向前挺进，
十字架的神秘灿烂辉煌。

把宗教的问题放一边吧。我不再继续捕捉中世纪基督教中的羞辱，也不要扎进历史人类学或文化历史课之中，去穿越历史和文学。作为结束，我举两首诗，它们都是非同寻常的诗篇。

1202年，当时重要的文化中心阿拉斯城的大诗人让·博代乐（Jean Bodel）发现自己得了麻风病，就写了一首长诗，向所有的朋友们致意和告别，然后就到一所麻风病院去隐居，8年后，他死在那里。这首诗的内容，一方面是他对上帝意志的沉思，上帝向他降

此不幸，而他将之视为一种恩赐，日夜苦修，虔诚地赎罪；一方面是他通过悲怆的努力，尽量减轻病痛的折磨带来的羞辱。70年后，另一位阿拉斯城的诗人博得·法思渡尔（Baude Fastoul）也得了麻风病，他也写了《告假》（*Congés*）的诗篇。两位诗人在减轻羞辱的应对办法上，采取了相同的策略。在世人还没有让他们感到羞辱之前，他们抢先一步，自陈羞辱。这种羞辱正是诗的源泉，驱动诗人向朋友告假。那是一种惧怕，惧怕被排斥，他们就不得不主动离开，赶在被世人驱逐之前，先行自我放逐。让·博代乐在诗篇的开头便做了这个交代。他这时能祈求的唯一礼物，就是准许离开，从此再无遭到唾弃的恐惧：

我只是向每一位请求，

一个施舍，一个他不会拒绝我的施舍，
告假，在人们要求我这样做之前，
因为我已经害怕成为他们的重负。

最好是不等到被驱逐，自己先走：

它使劲地拽住我的关注，
我尽量掩饰的疾病。
以这一切削弱我，侵蚀我，
羞辱，我如此惧怕的羞辱，
它把我推向犹豫，
那种我自己都拒绝的事情：
与其说被驱逐，还不如自己走吧。

羞辱是不幸者的烦恼。让·博代乐自言自语道，他“沉醉于羞辱之中”，羞辱是地狱：

绝非贫穷使我丧失意志，

我忘却一切痛苦，它不算什么。
但众所皆知的羞辱有着，
别一种贫穷。
无所不能的上帝，
愿他给我这羞辱，作为苦行，
因为两个地狱，有点太多。

诗人赶在受众人嘲笑之前先嘲笑自己。他还在“腐朽（腐烂）”一词上做了文字游戏，该词原指当时一种游戏中的失败者，在诗中暗指个人肉身的分解：在生活的游戏里，麻风病人失败了。博得·法思渡尔多次开玩笑说：他可以穿小鞋（麻风病侵蚀脚趾），可以大声歌唱（麻风病人声音嘶哑，因为其声带被毁）。

麻风病诗人向其朋友们告假，一心想要藏匿，逃离人间。他既担心个人的痛苦会遭

到别人厌恶，又为个人的痛苦而心生羞辱。他写长诗叙述其痛苦，宣布行将隐去。

这是一种游弋于私密与公众之间的矛盾，是所有个体诗歌的矛盾。它发端于诗性表述的原则，又公开不想公开的私密。这种矛盾在诗中被推向极致，成为诗的活力，以及诗存在的理由。它也使羞辱变成可接受的羞辱，而诗将其不可言状的、无法隐忍的、迫使诗人永远消隐的东西宣泄出来。

我并非沉湎过往，故引用 1202 年的麻风病诗人之作。恰恰相反，是这些诗句感动了我。一切与谦卑相关的表述都不属于过去。今天，人们已决不再像过往那样，认为麻风病是患者或其父母性行为的错误之因果报应。至于其他……的事情，即使在司法上，也不像人们所设想的那种改变。在最文明、最尊重人权的国家里，手铐与其他同类的方式被

合法地使用，始终属于司法羞辱的仪轨。通常，今天和昨天一样，从个体或社会职业上的最日常、最表面上看来最微不足道的事情，直至反人类的罪行，羞辱都继续被所有人时时处处地当作一种武器。

因此，羞辱，尽管最容易让我们丧魂落魄，最容易让我们堕入无助的癫狂之中，最容易乔装成普世的道德与我们自己或与他人对立，凡此种种，它却仍不可能用“蔑视”灭之。因为几乎所有人，都既是施行羞辱者，又是被羞辱者。如果人们没有深刻地意识到，羞辱无大小之分，刺人一下与伤己一下并无大的区别，其实两者都很痛苦，但强施前者就更应受到谴责。因为人们几乎每天都在做，经常是假惺惺地，却不受惩罚。故人们如何能揭露羞辱，并与之作斗争呢？没有人，或者几乎没有人，胆敢吹嘘自己未曾羞辱过别

人，哪怕是刺一下别人。没有人，或者几乎没有人，会去夸耀更甚于羞辱或刺伤的隐忍之痛。无人不受羞辱之苦，如同无人未曾强施过羞辱。无人不曾在提到或想到他人或自己所受的或被强加的羞辱时，因为愤怒、怜悯和羞辱而感到窒息。